中国地质灾害科普丛书
丛书主编：范立民
丛书副主编：贺卫中 陶虹

地 面 塌 陷

DIMIAN TAXIAN

陕西省地质环境监测总站 编著

中国地质大学出版社
ZHONGGUO DIZHI DAXUE CHUBANSHE

图书在版编目(CIP)数据

地面塌陷／陕西省地质环境监测总站编著. —武汉：中国地质大学出版社，2019.12（2022.11 重印）

（中国地质灾害科普丛书）

ISBN 978-7-5625-4717-4

Ⅰ. ①地…

Ⅱ. ①陕…

Ⅲ. ①地表塌陷–灾害防治–普及读物

Ⅳ. ①P642.26-49

中国版本图书馆 CIP 数据核字 (2019) 第 284036 号

地面塌陷	陕西省地质环境监测总站　　**编著**

责任编辑:谢媛华　　　　选题策划:唐然坤　毕克成　　　　责任校对:徐蕾蕾

出版发行:中国地质大学出版社(武汉市洪山区鲁磨路 388 号)　　邮编:430074

电话:(027)67883511　　　　传真:(027)67883580　　　E-mail:cbb@cug.edu.cn

经销:全国新华书店　　　　　　　　　　　　　　http://cugp.cug.edu.cn

开本:880 毫米×1 230 毫米　1/32	字数:80 千字	印张:3.125
版次:2019 年 12 月第 1 版	印次:2022 年 11 月第 2 次印刷	
印刷:武汉中远印务有限公司		

ISBN 978-7-5625-4717-4　　　　　　　　　　　　　　定价:16.00 元

如有印装质量问题请与印刷厂联系调换

《中国地质灾害科普丛书》
编委会

我国幅员辽阔,地形地貌复杂,特殊的地形地貌决定了我国存在大量的滑坡、崩塌等地质灾害隐患点,加之人类工程建设诱发形成的地质灾害隐患点,老百姓的生命安全时时刻刻都在受着威胁。另外,地质灾害避灾知识的欠缺在一定程度上加大了地质灾害伤亡人数。因此,普及地质灾害知识是防灾减灾的重要任务。这套丛书就是为提高群众的地质灾害防灾减灾知识水平而编写的。

我曾在陕西省地质调查院担任过 5 年院长,承担过陕西省地质灾害调查、监测预报预警与应急处置等工作,参与了多次突发地质灾害应急调查,深知受地质灾害威胁地区老百姓的生命之脆弱。每年汛期,我都和地质调查院的同事们一起按照省里的要求精心部署,周密安排,严防死守,生怕地质灾害发生,对老百姓的生命安全构成威胁。尽管如此,每年仍然有地质灾害伤亡事件发生。

我国有 29 万余处地质灾害点,威胁着 1 800 万人的生命安全。"人民对美好生活的向往就是我们的奋斗目标",党的十八大闭幕后,习近平总书记会见中外记者的这句话深深地印刻在我的脑海中。党的十九大报告提出"加强地质灾害防治"。因此,防灾减灾除了要查清地质灾害的分布和发育规律、建立地质灾害监测预警体系外,还要最大限度地普及地质灾害知识,让受地质灾害威胁的老百姓能够辨识地质灾害,规避地质灾害,在地质灾害发生时能够瞬间做出正确抉择,避免受到伤害。

为此，我国作了大量科普宣传，不断提高民众地质灾害防灾减灾意识，取得了显著成效。2010 年全国因地质灾害死亡或失踪为 2 915 人，经过几年的科普宣传，这一数字已下降，2017 年下降到 352 人，但地质灾害死亡事件并没有也不可能彻底杜绝。陕西省地质环境监测总站组织编写了这套丛书，旨在让山区受地质灾害威胁的群众认识自然、保护自然、规避灾害、挽救生命，同时给大家一个了解地质灾害的窗口。我相信通过大力推广、普及，人民群众的防灾减灾意识会不断增强，因地质灾害造成的人员伤亡会进一步减少，人民的美好生活向往一定能够实现。

希望这套丛书的出版，有益于普及科学文化知识，有益于防灾减灾，有益于保护生命。

王双明

中国工程院院士

陕西省地质调查院教授

2019 年 2 月 10 日

前言

　　2015 年 8 月 12 日 0 时 30 分，陕西省山阳县中村镇烟家沟发生一起特大型滑坡灾害，168 万立方米的山体几分钟内在烟家沟内堆积起最大厚度 50 多米的碎石体，附近的 65 名居民瞬间被埋，或死亡或失踪。在参加救援的 14 天时间里，一位顺利逃生的钳工张业宏无意中的一句话触动了我的心灵："山体塌了，怎么能往山下跑呢？"张业宏用手比划了一下逃生路线，他拉住妻子的手向山侧跑，躲过一劫……

　　从这以后，我一直在思考，如果没有地质灾害逃生常识，张业宏和他的妻子也许已经丧生。我们计划编写一套包含滑坡、崩塌、泥石流等多种地质灾害的宣传册，从娃娃抓起，主要面对山区等地质灾害易发区的中小学生和普通民众，让他们知道地质灾害来了如何逃生、如何自救，就像张业宏一样，在地质灾害发生的瞬间，准确判断，果断决策，顺利逃生。

　　2017 年初夏，中国地质大学出版社毕克成社长一行来陕调研，座谈中我们的这一想法与他们产生了共鸣。他们策划了《中国地质灾害科普丛书》(6 册)，申报了国家出版基金，并于 2018 年 2 月顺利得到资助。通过双方一年多的努力，我们顺利完成了这套丛书的编写，编写过程中，充分利用了陕西省地质环境监测总站多年地质灾害防治成果资料，只要广大群众看得懂、听得进我们的讲述，就达到了预期目的。

《中国地质灾害科普丛书》共6册，分别是《崩塌》《滑坡》《泥石流》《地裂缝》《地面沉降》和《地面塌陷》，围绕各类地质灾害的基本简介、引发因素、识别防范、临灾避险、分布情况、典型案例等方面进行了通俗易懂的阐述，旨在以大众读物的形式普及"什么是地质灾害""地质灾害有哪些危害""为什么会发生地质灾害""怎样预防地质灾害""发现(生)地质灾害怎么办"等知识。

在丛书出版之际，我们衷心感谢国家出版基金管理委员会的资助，衷心感谢全国地质灾害防治战线的同事们，衷心感谢这套丛书的科学顾问王双明院士、武强院士、汤中立院士的鼓励和指导，感谢陕西省自然资源厅、陕西省地质调查院的支持，感谢中国地质大学出版社的编辑们和我们的作者团队，期待这套丛书在地质灾害防灾减灾中发挥作用、保护生命！

范立民

矿山地质灾害成灾机理与防控重点实验室副主任
陕西省地质环境监测总站 教授级高级工程师
2019 年 2 月 12 日

目录
C O N T E N T S

地面塌陷基本概念

1.1 地面塌陷概念

　　近年来，我们在公众信息上越来越多地看到某地发生小震级地震，震源深度零千米。"零震源"地震——塌陷地震，已频繁走进公众的视野。以陕西省榆林市为例，据榆林市地震局统计的数据，2004—2012年榆林地区发生2.0级以上塌陷地震76次，其中2008年一年发生19次。这些塌陷地震虽然震级小，但仍会造成土地塌陷、湖泊萎缩、河水断流、居民房屋受损。

　　说到地面塌陷我们可能并不陌生，公路上突然陷落的塌坑，建设工地大规模的整体塌陷，矿山采空区的整块"蛰陷"或天然岩溶地区鬼斧神工的"天坑"……这就是我们要一起学习和了解的地面塌陷。

▼地面塌陷造成道路被毁

▲公路地面塌陷 　　　　　　　　　　　　　　▲矿山地面塌陷

地面塌陷是指地表岩体、土体在自然或人为因素作用下向下陷落，并在地面形成塌陷坑（洞）的一种地质现象。地面塌陷可能发生在松散的土层，亦可能发生在基岩中，还有可能发生在两类岩层共同发育的地区。不同类型塌陷与岩体或土体密切相关，土层塌陷主要发生在黄土、黄土状土以及冻土发育区，基岩塌陷主要发生在碳酸盐岩、钙质碎屑岩、火山熔岩等岩层中。

地面塌陷的主要危害是破坏房屋、铁路、公路、矿山、水库、堤防等工程设施。此外，地面塌陷还会造成土地资源损毁，进一步加剧土地供需矛盾。

地面塌陷灾害危害程度除了与塌陷规模、数量密切相关外，主要取决于发生塌陷地区的社会经济条件，以发生在城市、矿区和交通干线附近的地面塌陷造成的破坏损失最严重，是监测和防治的重点。

1.2 地面塌陷类型

地面塌陷的种类很多，形成原因复杂。常见的分类方式有按成因分类和按发育地质条件分类。

一般来说，根据造成地面塌陷的直接成因可把地面塌陷分为自然塌陷和人为塌陷两类。自然塌陷是地表岩体、土体由于自然因素作用，如地震震动、降雨雨水向地下渗透、自重压力、地下潜蚀掏空等，引起地面向下陷落。人为塌陷是由人为作用导致的地面塌落，可进一步分为采矿塌陷、抽水塌陷、蓄水塌陷、渗水塌陷、振动塌陷、荷载塌陷等。

根据塌陷区是否有岩溶发育，按发育地质条件分类，将地面塌陷分为岩溶塌陷和非岩溶塌陷。

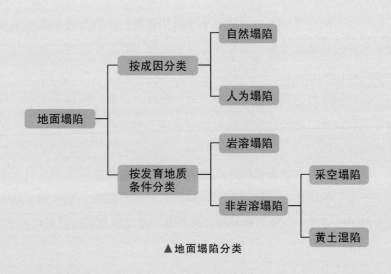

▲地面塌陷分类

　　岩溶塌陷是岩溶地区下部可溶岩层中的溶洞或上覆土层中的土洞，因自身洞体扩大或在自然、人为因素影响下，顶板失稳产生塌落或沉陷的统称。

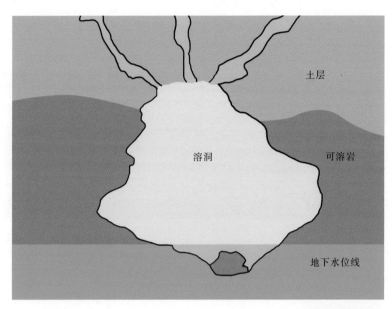

土层

溶洞

可溶岩

地下水位线

▲岩溶塌陷示意

　　非岩溶塌陷可以进一步分为采空塌陷和黄土湿陷，同时又根据塌陷区岩土体的性质分为黄土湿陷、火山熔岩塌陷和冻土塌陷等类型。

　　采空塌陷是指由于地下挖掘形成空间，造成上部岩土层在自重作用下失稳而引起的地面塌陷现象。常见的有采矿、采水等活动形成的地面塌陷，其中采空塌陷以采矿活动形成的塌陷为主，最常见的是采煤形成的地面塌陷，又叫煤矿采空地面塌陷。

　　黄土湿陷是黄土的一种特殊工程地质性质。黄土具有在自重或外部荷载下受水浸湿后结构迅速破坏发生突然下沉的性质。

　　在各类塌陷中，以发生在碳酸盐岩发育区的岩溶塌陷和矿区的采矿塌陷最为常见。

▲ 榆阳区神树畔煤矿采空塌陷

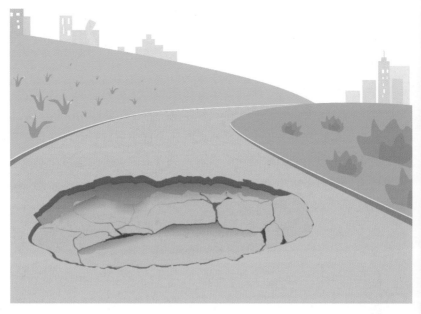

▲ 黄土湿陷示意

地面塌陷成因机理

地面塌陷的诱发因素有很多，有的是自然因素形成的地面塌陷，例如溶洞自然扩大形成的地面塌陷，有的是因过量抽取地下水造成的地面塌陷，有的是因采矿活动引发的地面塌陷，也有的是因为曾经开挖过的地面在回填时未填实，当流水渗入地下时带走泥沙，导致上部土体陷落形成的塌陷。

下面我们主要介绍不同类型地面塌陷的形成条件和成因机制，重点介绍岩溶塌陷、非岩溶塌陷（采空塌陷和黄土湿陷）。

2.1 地面塌陷诱发因素

地面塌陷的诱发因素分为人为因素和自然因素，其中人为因素的影响占主要地位，且随着人类活动的扩大，人为因素对地面塌陷的诱发影响越来越大。

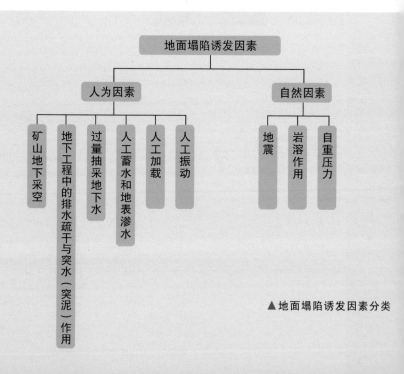

▲ 地面塌陷诱发因素分类

2.1.1 人为因素

1.矿山地下采空

地下采矿活动造成一定范围的采空区，使上方岩土体失去支撑，从而导致地面塌陷。这类地面塌陷在我国分布广，危害程度大。如山西省内 8 个主要矿务局所属煤矿区的此类地面塌陷，已影响到数百个村庄、数万亩农田和十几万人的正常生产与生活。

▲因采空造成房屋开裂

2.地下工程中的排水疏干与突水（突泥）作用

矿坑、隧道、人防工程及其他地下工程等，由于排疏地下水或突

▲因突水形成塌陷造成道路损毁

水（突泥）作用，地下水位快速降低，打破了其上方的地表岩土体原有的受力平衡状态，在有地下空洞存在时，便产生塌陷。由此所产生的地面塌陷的规模和强度大，危害严重。我国许多城镇、铁路隧道中的地面塌陷均由这类活动所致，如1999年8月7日，广东省广州市中山八路33号地段由于工地施工大量抽取地下水，形成地面塌陷，造成直接经济损失20多万元。

🏔 3.过量抽采地下水

对地下水的过量抽采，使地下水位降低，潜蚀作用加剧，岩土体受水体的浮托力减小，在有地下洞隙存在时，可产生地面塌陷。这种地面塌陷多见于岩溶地区和平原地区，并多发生在城市地区，使地面建筑物、道路等遭到破坏，给人民生活、生产及生命安全带来危害。

▲ 因过量抽采地下水形成地面塌陷

🏔 4.人工蓄水和地表渗水

人工蓄水是在一定范围内使水体荷载增加，地下水位上升，地下水的潜蚀、冲刷作用加强，从而引起地面塌陷。地表渗水主要发生原因有输水管道渗漏或场地排水不畅，造成地表水下渗或化学污水下渗。渗水塌陷分

▲ 暴雨导致地面塌陷

布非常局限，多为小型塌陷，个别为中型塌陷，造成的破坏损失一般不大。如2001年6月14日，广东省广州市天河区黄浦大道冼村路段由于施工道路箱渠漏水造成长4米、宽2米的地面塌陷，经济损失10多万元。

📍 5.人工加载

在地下有隐伏洞穴发育部位的上方进行人工加载，也会导致地面塌陷的产生。如2005年7月21日中午12时许，广东省广州市海珠区江南大道中某建筑工地发生地面塌陷，原因为桩基实际开挖深度超过设计深度4.1米，造成原支护桩成为吊脚桩，且该处又存在软弱透水夹层，南边坑顶严重超载达140吨，直接导致地面塌陷的发生。

▲因人工加载形成地面塌陷

📍 6.人工振动

爆破及车辆的振动作用也可使地下有隐伏洞穴存在的地区产生地面塌陷，如广西贵港市（原称贵县）吴良村因爆破产生的地面塌陷迫使全村迁移。

▲因人工振动产生的"地洞"

2.1.2 自然因素

1.地震

地震发生时由于地震波的水平和垂直方向的变化，引起地面的连续振动，主要特征为明显的晃动。其中，地震波从地下向地面传来，纵波首先到达，横波接着产生大振幅的水平方向的晃动，从而使地面出现断层和地裂缝，产生较明显的垂直错距和水平错距，使局部地形改变，或隆起，或沉降塌陷。如 2008 年 5 月 12 日四川省汶川地震发生后，在北川县安昌镇开茂村二组水没河流域出现了不同程度的地面塌陷现象，沿河床及两岸陆续出现 60 多个塌陷坑，平面形态多呈圆形、椭圆形及不规则形等。

2.岩溶作用

由岩溶作用形成的塌陷，称为岩溶塌陷。岩溶塌陷主要发育在隐伏岩溶地区，是由隐伏岩溶洞隙上方岩土体在自然因素作用下，产生

▼地震引发的不规则塌陷坑

陷落而形成的地面塌陷。比较
具有代表性的是天坑，在重庆、
汉中等地均有分布。

3.自重压力

自然作用使得隐伏洞体上
覆岩土体规模增大，从而导致
岩土体自重压力不断增大，当
岩土体的自重压力逐渐接近洞
体的极限承受强度至超过临界
点时，地面会开裂直至产生塌陷。

▲岩溶作用形成的伯牛大型天坑

在黄土湿陷中，有一类为自重湿陷，是黄土在受水浸泡后在饱和
自重压力下发生湿陷。判断是否为自重湿陷性黄土可用室内或现场浸
水压缩试验，在土的饱和自重压力下测定自重湿陷系数。

▼自重压力下形成的黄土湿陷

2.2 岩溶塌陷形成机理

2.2.1 发育条件

因为大自然的鬼斧神工和人类活动的双重影响，岩溶塌陷发育条件多种多样。经过人们的多年总结，岩溶塌陷发育的基本条件有 3 个，且这些条件不可或缺。

1.可溶岩及岩溶发育程度

可溶岩是岩溶塌陷发育的"先天条件"。可溶岩是岩溶塌陷形成的物质基础，而岩溶洞穴的存在则为地面塌陷提供了必要的空间条件。

溶穴的发育和分布受岩溶发育条件的制约，主要沿构造断裂破碎带、褶皱轴部张裂隙发育带、厚层的可溶岩分布地段、与非可溶岩接触地带分布。岩溶的发育程度和岩溶洞穴的开启程度，是决定岩溶地面塌陷的直接因素。可溶岩洞穴和裂隙一方面造成岩体结构的不完整，形成局部的不稳定；另一方面为容纳陷落物质和地下水的强烈运动提供了充分的空间条件。一般情况下，岩溶越发育，溶穴的开启性越好，洞穴的规模越大，岩溶塌陷也越严重。

2.覆盖层厚度、结构和性质

要出现一定厚度的松散土体覆盖层，这是岩溶塌陷发育要求的"后天条件"之一。覆盖层厚度小于 10 米时，塌陷严重；覆盖层厚度为 10～30 米时，容易塌陷；覆盖层厚度大于 30 米时，塌陷可能性很小。

松散破碎的覆盖层是塌陷体的主要组成部分，基岩塌陷体在重力作用下沿溶洞、顶板陷落而成的塌陷为基岩塌陷，塌陷体主要为第四系松散沉积物的塌陷为土层塌陷。土层塌陷一般占塌陷总数的96.7%。

3.地下水运动条件

地下水的流动及其水动力条件的改变是岩溶塌陷形成的最重要动力因素。地下水径流集中和强烈的地带，最易产生塌陷。这些地带有：①岩溶地下水的主径流带；②岩溶地下水的（集中）排泄带；③地下水位埋藏浅、变幅大的地带（地段）；④地下水位在基岩面上下频繁波动的地段；⑤双层（上为孔隙、下为岩溶）含水介质分布的地段，或地下水位急剧变化的地段；⑥地下水与地表水转移密切的地段。

地下水位急剧变化带是塌陷产生的敏感区，水动力条件的改变是产生塌陷的主要触发因素。水动力条件发生急剧变化的原因主要有降雨、水库蓄水、井下充水、灌溉渗漏、严重干旱、矿井排水、强烈抽水等。

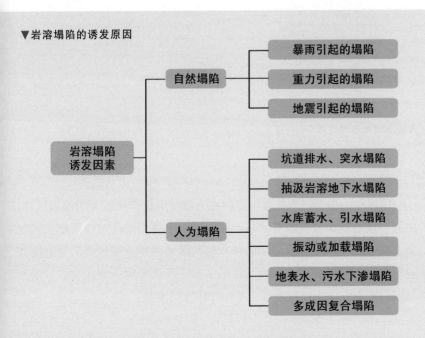

▼岩溶塌陷的诱发原因

此外，地震、附加荷载、人为排放的酸碱废液对可溶岩的强烈溶蚀等均可诱发岩溶塌陷。

2.2.2 形成过程

常见岩溶塌陷形成机理有 3 类，即潜蚀作用、溶蚀作用、振动作用。

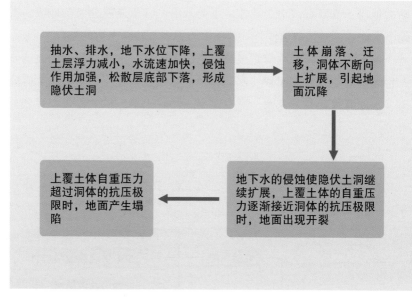

▲岩溶塌陷形成过程

1.潜蚀作用

潜蚀指的是渗透水流在一定的水力坡度下，产生较大的动水压力，冲刷、挟走细小颗粒或溶蚀岩土体，使岩土体中的孔隙逐渐增大的现象。其中，潜蚀又包括化学潜蚀和机械潜蚀两种。潜蚀塌陷是岩溶塌陷形成的主要塌陷模式，尤其在地下水主径流带附近或地表水、潜水与岩溶水水力交换频繁地带，潜蚀作用更加明显。

2.溶蚀作用

可溶性盐含量相对较高的地区或是蒸发岩发育地区，通常会由于地下水的溶滤作用、溶解作用以及散解作用而破坏洞顶盖层土体，从而发生岩溶塌陷现象，即溶蚀塌陷。如我国青海省察尔汗盐湖区石盐层塌陷便是溶蚀作用产生的。

3.振动作用

振动作用产生的振动荷载通常会导致岩土体产生破裂位移、土体液化效应等，降低岩土体强度，从而产生岩溶塌陷现象，即振动塌陷。地震、爆破以及机械振动是导致振动荷载的主要来源。一些铁路沿线附近发生岩溶塌陷现象的原因便是过量抽取地下水，同时长期火车通过产生的振动降低了岩土体的强度，从而使得岩土体产生岩溶塌陷。

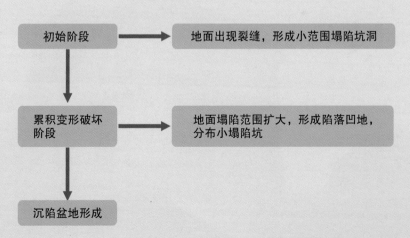

▲岩溶塌陷不同阶段特征

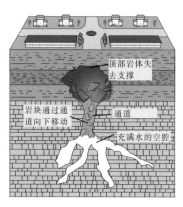
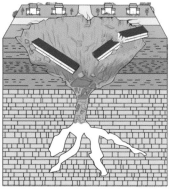

岩块通过通道向下移动

顶部岩体失去支撑

通道

充满水的空腔

岩溶塌陷形成演化过程示意

▲岩溶塌陷形成演化过程示意

2.2.3　岩溶塌陷实例——"5·10"广西柳州岩溶塌陷

　　2012年5月10日，广西壮族自治区柳州市柳南区帽合村上木照屯发生严重的岩溶塌陷，受灾面积约100亩（1亩≈666.67平方米），

▼ "5·10"广西柳州岩溶塌陷

村内 2 000 余名居民紧急疏散，所幸未造成人员伤亡。灾害致多栋房屋倒塌，地面出现拳头宽的裂缝，池塘水和井水消失。

经过初步勘查，发生在帽合村 1 组和 2 组的灾害是由于春夏季节交替地下水位发生变化而引起的，为岩溶塌陷引起的地质灾害。专家在灾区共发现了 5 处塌陷坑，其中最大的一个塌陷坑长 30 米，深达 5 余米，在塌陷处的底部，听得见水流声。在广西喀斯特地貌区，这样的自然地质灾害很常见。

2.3 采空塌陷形成机理

2.3.1 形成原因

采空塌陷主要受人类工程活动的影响，根据开采方式的不同，地面塌陷的发育机理也不同。采空塌陷一般根据开采资源的不同分为地下水开采、矿产资源开采。其中，采空塌陷中最为常见的是煤矿采空地面塌陷，其开采方式一般分为壁式采煤法和房柱式采煤法。在这里我们简单介绍两种采煤方式的塌陷特征。

1.壁式采煤法

采煤后，采空区顶板岩层在自重力和上覆岩土体压力作用下，产生向下弯曲与移动。当顶板岩层内部形成的拉张应力超过岩层抗拉强度极限时，顶板会发生断裂、垮塌、冒落，继而导致上覆岩层也向下弯曲、移动。随着采空范围的扩大，移动的岩层也不断扩大，从而在地表形成塌陷。在缓倾条件下，上覆的岩土体大致可形成 3 个带，即冒落带、裂隙带和弯曲变形带，三带界限一般不明显，也不一定同时出现。

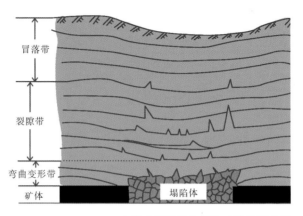

▲ 壁式开采采空塌陷三带发育示意

📖 2.房柱式采煤法

房柱式采煤法是一种专业采煤的方法，在世界各国采煤中应用非常广泛，是利用采煤房煤柱暂时支撑顶板，采时有计划回收煤柱。普罗托耶科诺夫提出的平衡拱理论认为，采用房柱式采煤方法在煤层开挖以后，如不及时支护，其顶板岩体将不断垮落，形成一个拱形，又称塌落拱。最初这个拱形是不稳定的，若煤柱稳定，则拱高随塌落不断增高；反之，如果侧壁也不稳定，则拱跨和拱高同时增大。当开挖处埋深大于5倍拱跨时，塌落拱不会无限发展，最终将在围岩中形成一个自然平衡拱，上覆岩体冒落趋于稳定。

另外，还有金属矿山采空区的采空方式，在这里不再赘述。

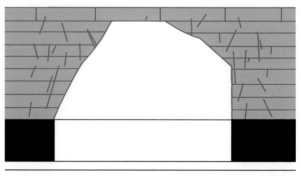

塌落拱

▲ 房柱式采煤法平衡拱示意

2.3.2　形成过程

　　煤层采空以后，采空区上部的覆岩及采空形成的煤柱边缘均形成自由面。原来的应力平衡被破坏，在上覆岩层重力作用下，覆岩承受的压力随着采空区范围的扩大而增加，当这种压力超过煤层顶板岩层的承载力以后，顶板岩层就会破裂塌落形成冒落带。

　　冒落的岩块大小不一，杂乱无章地充填到采空区。冒落的岩块突出地与上部岩层相接触，但支撑力已不足以托住上部的岩层，于是上部岩层下沉，向下弯曲，并且破裂产生裂隙，即形成破裂带。这是初始阶段，地面出现裂缝及小范围塌陷坑洞。随着采空区面积的不断增大，地面破坏达到累积变形破坏阶段，地面塌陷范围扩大，形成陷落凹地，分布小塌陷坑，最终在地面形成沉陷。

过度抽水和采矿导致地面塌陷示意

▼地面塌陷地表形态

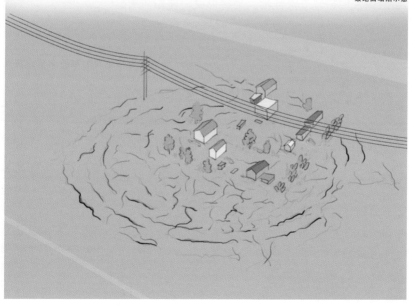

2.3.3 采空塌陷实例——内蒙古呼伦贝尔草原 "天坑"

20世纪90年代后期，内蒙古自治区呼伦贝尔市宝日希勒镇以北约2千米处的矿区，数百家小煤窑聚集在此。近年来经过整顿，小煤窑撤去，草原上却出现了上千个塌陷坑。

据测算，受影响的草原面积达到20平方千米，塌陷区域面积达到2.24平方千米。根据呼伦贝尔市环境监测中心站采用卫星遥感影像技术手段（以2004年6月14日Quick Bird影像为信息源）和地面实际勘探，从空间上看，宝日希勒矿区近年来矿区开采造成125处面积大小不等的1～3米深的塌陷沟，总面积685 000平方米，平均每个塌陷沟5 480平方米；塌陷坑共计5 318个，总面积1 557 000平方米，平均每个塌陷坑293平方米；水蚀沟6条，总面积66 200平方米。

该地区"天坑"由于生产条件落后，小煤窑煤炭在采空后回采率非常低。矿坑被遗弃后，由于长时间地表土层向下沉降形成大面积的塌陷沟、塌陷坑、水蚀沟，最终形成大面积的塌陷区。

▼内蒙古呼伦贝尔草原采煤塌陷坑

2.4 黄土湿陷形成机理

2.4.1 形成原因及过程

引起湿陷的原因是黄土以粉粒和弱亲水性的矿物为主，具有黄土大孔结构，天然含水量小，具有黏粒的强结合水连结和盐分的胶结连结，使得黄土土粒在干燥时可以承担一定荷重而变形不大，但浸湿后土粒连结显著减弱，引起土结构破坏，产生湿陷变形。从成因上，黄土湿陷一般可分为自然因素和人为因素，它们造成的经济损失也相当严重，同时人为诱发的湿陷有逐渐增多的趋势。

引起黄土湿陷原因主要有 3 个：①黄土在浸水后，力学性质从内部改变了，受到外部荷载后剪应力超过抗剪强度，从而发生湿陷；②黄土内部受浸水湿化作用，土壤自身摩擦力降低，外部扰动作用诱发湿陷；③黄土内部结构发生崩解，颗粒胶结强度弱化，颗粒相对迁移，并伴随小颗粒进入大间隙，同时由于颗粒间胶结物被水溶解，在外部扰动作用下已不堪平衡，造成土质结构损坏。

▲ 黄土湿陷

2.4.2 黄土湿陷实例——山西太原黄土湿陷

山西省是我国黄土湿陷的多发地区。2008 年 4 月 15 日 19 时 30 分左右，山西省太原市阳曲县黄寨镇黄寨村刘家堡北侧发生一起黄土湿陷地质灾害事件，15 间房屋被破坏。由于预警及时，所幸未造成人员伤亡。该黄土湿陷是地下水位抬升引发的。塌陷体长约 70 米，宽约 16 米，高约 20 米。

同年 9 月 7 日晚，太原市杏花岭区杨家峪村由于雨水和地面污水共同作用，出现了大面积黄土湿陷，造成部分道路和房屋开裂、塌陷。灾害直接威胁着东北侧 4 户和西南侧 10 余米高土崖下 10 户居民的窑洞与平房以及 56 人的生命安全，间接威胁周边东山煤矿的 3 座 6 层家属楼中居民（150 余户 700 人左右）以及周边的其他零散住户，经济损失无法预计，后果不堪设想。经过多方共同努力，最终于 10 月 5 日受威胁的 14 户 56 人全部搬迁撤离并妥善安置，在该起黄土湿陷地质灾害中成功避险。

▼山西太原黄土湿陷

3

地面塌陷分布

一般来说，地面塌陷的类型不同，塌陷的分布规律也不同。地面塌陷在世界和我国的分布具有一定的时间和空间规律性。

3.1 世界地面塌陷分布

在世界范围内，一般研究和统计的地面塌陷均为岩溶塌陷和采空塌陷。其中，规模较大的地面塌陷一般称为"天坑"。以严格的地质学术语来解释，天坑是指由于水不断侵蚀固体基岩，地表发生塌陷形成的一个巨大的深坑，是底部与地下河相连接（或者有证据证明地下河道已迁移）的一种特大型喀斯特（岩溶）地形。这就是我们通常认为的自然天坑。

▼ 世界主要天坑（群）分布示意

自然天坑是在可溶岩大片分布且降雨比较丰富的地区，地表水沿着可溶岩表面的垂直裂隙向下渗漏，裂隙不断被溶蚀扩大，从而在距地面较浅的地方开始形成隐藏的孔洞。随着孔洞的扩大，地表的土体逐步崩落，最后便形成大漏斗。

世界上的自然天坑及天坑群主要分布在中国、马来西亚、巴布亚新几内亚、墨西哥、巴西、马达加斯加、克罗地亚等地。

墨西哥伊克·基尔天然井位于墨西哥尤卡坦半岛奇琴伊察的古玛雅遗址附近。这个半岛大多是由石灰岩构成的，在漫长的地质变化过程中，这些容易被水侵蚀的岩层被地下水溶蚀成大大小小的空洞，形成了无数的溶洞与地下河。有些溶洞的顶部岩层比较薄，形成塌陷使地下黑暗的洞穴见到了天日。这些形成穿孔的地表面被称为洞状陷穴，俗名"天然井"，其中伊克·基尔天然井最负盛名。

该井深约 40 米，井水清澈，呈蓝色，人们可在井中静静漂浮，游泳的有人也有鱼，四周幽暗寂静，让人仿佛在深山修行。

"无论白天和黑夜，它都是如此神秘迷人，我的家族都坚信在井底能够看到神明。"一当地居民说道。

该井水位随着潮涨潮落会有变化，据说玛雅人会在这里举行祭祀仪式，现在成为人们旅游的好去处。

喀斯特（岩溶）地貌通常由灰岩或者白云岩岩床溶解形成。美国的喀斯特（岩溶）地貌主要位于密苏里州、阿肯色

▲墨西哥伊克·基尔天然井

（2010 年 6 月 9 日）

州、肯塔基州、田纳西州、阿拉巴马州北部、得克萨斯州以及佛罗里达州大部分地区。这些地区的标志性特征为下沉的溪流、伏流、大型泉水、洞穴以及陷坑。

阿拉巴马州"永不沉没之坑"是一个灰岩陷坑，深度大约 15 米，里面生活着罕见的蕨类植物。20 世纪 90 年代，一群探洞者买下了这个陷坑，通过这种方式为子孙后代保护这个自然奇观。

自然天坑是大自然造就的，属于自然的馈赠。但是随着人类工程活动的强度越来越大，我们见到越来越多的特殊天坑，这也就是通常认为的"人为天坑"。

28

▼阿拉巴马州"永不沉没之坑" （1998 年）

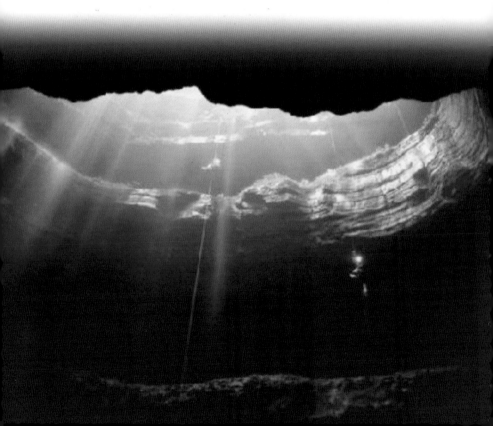

危地马拉天坑是危地马拉首都危地马拉城市区2010 年 5 月 30 日出现的一个直径约 20 米、深约 90 米的巨坑，事故造成 15 人死亡。危地马拉城市区部分地面不是处于固体基岩之上，而是一层松弛的、由碎石构成的火山浮石，通常有数百英尺厚。不止一位地质学家表示，危地马拉城的最新天坑是由管道泄漏引发，并非自然现象。总体而言，危地马拉重复发生此类事件的可能性较大，且非常难预测。

▼ 危地马拉地面塌陷（2010 年 5 月 31 日）

　　佛罗里达州马尔伯里天坑深约 56 米，于 1994 年出现在佛罗里达州马尔伯里市，发生塌陷的地方为采矿企业 IMC-Agrico 倾倒废料区。该公司当时正在开采岩层以提取磷酸盐。磷酸盐是化肥的主要成分，主要用于制造磷酸、增强苏打和各种食品的味道的添加剂。然而，在磷酸盐从岩层中提取出来以后，主要成分为石膏的废料被作为泥浆过滤出来。随着一层层的石膏被晒干，就形成了裂缝，就像出现在干燥泥团上的裂缝。后来，水在裂缝中不断流动，将地下物质卷走，为天坑的形成创造了条件。

▼佛罗里达州马尔伯里天坑

3.2 中国地面塌陷分布

3.2.1 岩溶塌陷分布

岩溶塌陷在我国分布广泛，从南到北、从东到西都有发育，但主要分布于辽宁、河北、江西、湖北、湖南、四川、贵州、云南、广东、广西等省（自治区）。

岩溶塌陷主要集中在扬子地台和华北地台的碳酸盐岩分布区，可分为北方岩溶塌陷高发区和南方岩溶塌陷高发区。

1.北方岩溶塌陷高发区

北方地区由于华北地台大多为大型宽缓的褶皱和断块构造，气候较干旱，降水量少，岩溶发育程度不高，除古代的岩溶洞穴系统有部分残留外，岩溶作用以溶蚀裂隙为主。

北方岩溶塌陷大多集中在山区与平原的过渡地带，如辽宁的南部，山东的泰安、枣庄、莱芜，河北的唐山、秦皇岛柳江盆地，江苏的徐州，安徽的淮南、淮北等地。

华北地台曾经经历过多次构造运动，地下水的区域排泄基准面也多次变迁，致使碳酸盐岩地层形成大量的洞穴。古代岩溶塌陷在太原西山、汾河沿岸、河北太行山一带的煤田中较为常见，陷落柱为古代岩溶塌陷的痕迹。

2.南方岩溶塌陷高发区

南方地区是我国碳酸盐岩分布最集中、面积最大的区域，总面积约 176.1 万平方千米。南方地区气候温热湿润，植被茂密，地质构造

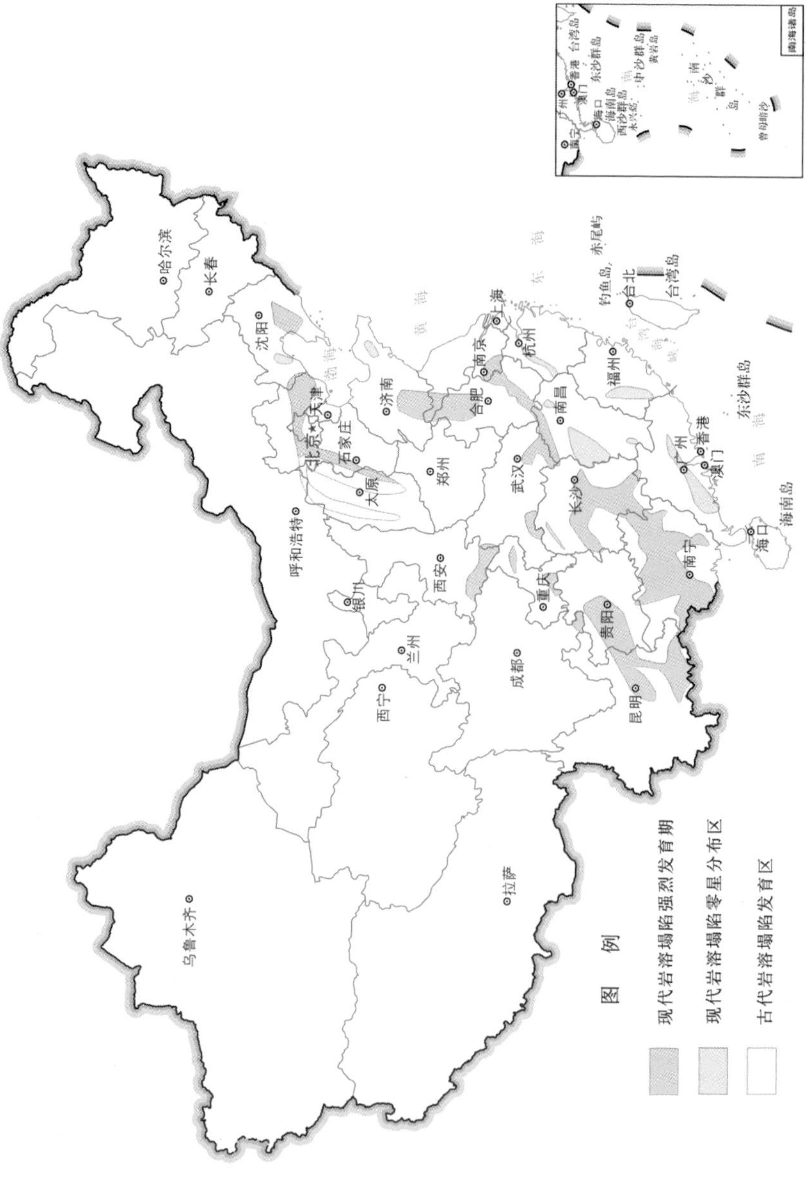

南海诸岛

哈尔滨　长春　沈阳

北京　天津　石家庄　济南　太原　郑州　西安　银川　呼和浩特

合肥　南京　上海　杭州　南昌　武汉　长沙　福州　台北　台湾岛　钓鱼屿　东沙群岛　香港　澳门

广州　南宁　海口　海南岛

兰州　西宁　成都　重庆　贵阳　昆明

拉萨

乌鲁木齐

图　例

现代岩溶塌陷强烈发育期

现代岩溶塌陷零星分布区

古代岩溶塌陷发育区

多为紧密的褶皱和密集的断块，现代岩溶十分发育。裸露岩溶区和半裸露岩溶区的面积占碳酸盐岩分布总面积的41.3%，主要分布于云南、贵州、四川、广西、湖南、江西、湖北等省（自治区）。湖南省岩溶塌陷居全国之首，其次为广东省和广西壮族自治区，再次为贵州省、云南省、四川省。

矿山排水、地下水抽排、水库蓄水等均为人为干扰岩溶水流场的活动，是诱发岩溶塌陷的主导因素。

下面对北方地区和南方地区岩溶塌陷部分典型实例进行介绍。

📍 3.北方岩溶塌陷实例
◆ 山东泰安岩溶塌陷

2003年5月31日凌晨4时，山东省泰安市泰山区省庄镇东羊娄村地面塌陷分布东北800米处，产生巨大的岩溶塌陷，在即将成熟的麦田中出现一椭圆形塌陷坑，长轴近东西向，长35米，短轴近南北向，长27米，深30米，约1.1亩长势旺盛正待收割的小麦瞬间化为乌有，塌陷发生时出现惊雷般的轰鸣声。

据介绍，这是一次特大型岩溶塌陷，塌陷的深度和宽度是当时山东之最，在国内的岩溶塌陷中也属罕见。2003年6月4日16时，此塌陷西50米处出现了地裂缝现象，地裂缝内地面明显下沉。塌陷发生

▲山东泰安岩溶塌陷

后，山东省泰安市国土资源部门在塌陷周围设警戒线实行了管制。经分析，此次塌陷的原因是开采岩溶水引起地下水位下降，形成降落漏斗，引发岩溶塌陷。泰安市地面塌陷分布范围较广，对人民生活和国民经济都有很大的影响，已经成为威胁人民生命财产安全和生态环境的严重地质灾害。

◆ 辽宁瓦房店岩溶塌陷

辽宁瓦房店三家子地区于 1987 年 8 月 8 日发生岩溶塌陷，塌陷范围 1.20 平方千米，共有大小塌陷坑 25 个，规模较大的有 4 处，塌陷坑长 20～40 米、宽 5～35 米、深 4～10 米，一般陷坑长 2～6 米、宽 1.4～4.0 米、深 1.2～2.5 米，并见伴生少量的地裂缝、沉降等地面变形现象。

这一灾害的发生，使长大铁路（长春—大连）约 20 米长的路基遭受破坏，交通运输不能正常运行。列车累计停运 8 小时 5 分钟，同时一些通信设施被毁，44 间民房开裂，66 眼民井干枯，使国家和人民蒙受了很大的经济损失。这次塌陷的发生主要是由于该区属于古生代奥陶纪石灰岩区，地层碳酸钙含量高，利于地下水溶蚀，加之过量开采岩溶地下水资源，引起水位下降，形成岩溶塌陷。

4.南方岩溶塌陷实例

◆ 湖南恩口岩溶塌陷

在岩溶地区由于矿产资源的开发，矿坑排水或突水引起的塌陷发生较为频繁。如湖南恩口煤矿于 1972 年 3 月 21 日恩 II 井放水试验，4 月温塘泉水减少，6 月 20 日开始塌陷，8 月 20 日北面三口冲塌陷，之后河床附近排泄区相继发展。1975 年恩 I 井标高 −150 米水平开始排水后，塌陷加剧。1977—1979 年因 25 号井突水，出水量为 1 400 吨/小时，引发塌陷剧烈发展达到高峰。随后逐渐减弱，但仍向外围缓慢扩展。

至 1986 年塌陷坑总数达 6 100 多个，主要发育于煤系底板茅口组灰岩中，呈条带状分布，总长度在 20 千米以上，煤系顶板长兴组灰岩及大冶群灰岩中亦有少量塌陷发育，塌陷影响范围达 20 平方千米。岩溶塌陷以土层塌陷为主，并见有红层岩溶的基岩塌陷。矿坑最大排水量为 8 165 吨/小时，最低排水标高为 –350 米，塌陷破坏农田 9 500 亩，拆迁民房 18 300 平方米，毁坏小水库 8 座、山塘 180 多口，河床塌陷改河铺底 5 300 米，河水灌入增加矿坑涌水量，最大灌入量 8 000 吨/小时，并将泥砂带入矿坑，农业赔偿和塌陷综合治理费用平均 150 万元/年，至 1982 年赔偿费用共 980 万元。

◆ *广西玉林岩溶塌陷*

2015 年 4 月 15 日，广西玉林新桥镇五金村委上垌自然村连续发生多处岩溶塌陷。调查发现，村民房前出现 1 个塌陷坑，坑口平面形态大致呈椭圆形，面积约 25.12 平方米，最大可测深度 3.2 米，坑内未见基岩、地下水出露。此塌陷坑东侧 10 米处另一周姓村民住宅内可见墙体、地梁有明显的开裂变形迹象。同时在 327 县道西南侧 50 米处的荒田中有一处塌陷，面积约 98.91 平方米，最大可测深度 5 米，坑内可见有基岩及地下水出露，水位埋深约 6 米，塌陷坑周围地面可见开裂变形、下陷等现象。

▼广西玉林岩溶塌陷

该村自 2011 年出现塌陷群以来，至今已发育 13 处明显的塌陷坑。究其原因为该处岩溶发育，地下径流强烈，加之近期大旱，地下水因补给不足水位大幅下降，自然水位降深达 6 米，同时地表土体失水龟裂，结构破坏，造成岩溶塌陷。

3.2.2 采空塌陷分布

采空塌陷在全国的采矿区均有出现，主要分布在黑龙江、山西、安徽、江苏、山东、陕西等省，这些是采空塌陷严重发育区。

在这里特别提一下，黄土湿陷主要分布于河北、青海、陕西、甘肃、宁夏、河南、山西、黑龙江等黄土分布省（自治区）。

▼中国采空塌陷分布

3.3 地面塌陷形态特征

3.3.1 岩溶塌陷形态特征

岩溶作用所形成的地表和地下形态称为岩溶地貌，又称喀斯特地貌。

地表岩溶地貌有石芽、石林、溶隙、溶洞、溶蚀准平原、溶沟、溶槽、溶蚀洼地，溶蚀平原、溶碟、漏斗（天坑）、溶蚀谷地、峰丛、峰林、落水洞、竖井、干谷、盲谷、孤峰等。

地下岩溶地貌有溶孔、落井、溶潭、伏流、溶穴、溶泉、天窗、暗河等。

▼地表岩溶地貌示意

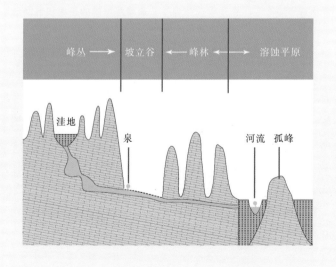

岩溶塌陷从平面形态上看有圆形、椭圆形、长条形及不规则形等，主要与下伏岩溶洞隙的开口形状及其上覆岩土体在平面上分布的均一性有关。剖面形态具有坛状、井状、漏斗状、碟状及不规则状等，主要与塌陷层的性质有关，黏性土层塌陷多呈坛状或井状，砂土层塌陷多具漏斗状，松散土层塌陷常呈碟状，基岩塌陷剖面常呈不规则的梯状。

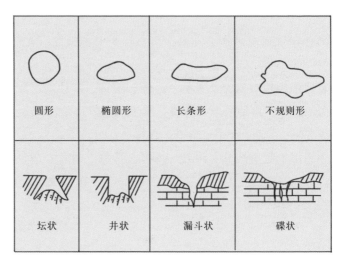

▲岩溶塌陷的平面和剖面形态

岩溶塌陷的规模可按照塌陷坑的直径和塌陷面积来划分。例如岩溶塌陷的规模以个体塌陷坑的大小来表征，主要取决于岩溶发育程度、洞隙开口大小及其上覆盖层厚度等因素。

岩溶塌陷按塌陷坑直径的大小可分为巨型、大型、中型、小型四类。据统计，土层塌陷陷坑直径一般不超过 30 米，其中小于 5 米的占大多数，达 63%～71%，5～10 米的占 10%～20%，个别大的可达60～80 米。塌陷坑可见深度绝大多数小于 5 米，可占总数的 84%～97%。基岩塌陷规模一般较大，如四川兴文县小岩湾塌陷，长 650 米，宽 490 米，深 208 米。

岩溶塌陷塌陷坑直径划分表

等级	直径(米)
巨型	>20
大型	10~20
中型	5~10
小型	<5

岩溶塌陷也存在很多不规则形状，以塌陷面积来进行等级划分，一般可分为特大型、大型、中型、小型四类。

岩溶塌陷面积划分表

等级	面积(平方千米)
特大型	>20
大型	10~20
中型	1~10
小型	<1

3.3.2 采空塌陷形态特征

采空塌陷的形成与采矿方式相关，同样采空塌陷的表现形式也因开采方式的不同而不同。根据采空塌陷面积的不同，可分为巨型、大型、中型和小型四类。

采空塌陷的分级标准表

等级	面积(平方千米)
巨型	≥10
大型	10~1
中型	1~0.1
小型	<0.1

1.壁式采煤法采空塌陷特征

特征一：矿体距地表埋深浅，且矿体较厚时，对地表影响较大，冒落带可直达地表，形成地面塌陷槽或塌陷坑。

特征二：当矿体距地表埋深很深或矿体很薄时，对地表影响轻微。

特征三：通常在塌陷发生的沉降盆地中心部位以垂向下沉为主，水平位移、倾斜位移量较小，形成沉陷盆地，而盆地边缘及外缘裂隙拉伸带以倾斜位移和水平位移变形为主，可能出现地表裂缝、漏斗状塌陷坑等。

▲渭南某煤矿地面塌陷裂缝

▲韩城某煤矿地面整体下沉

📌 2.房柱式采煤法采空塌陷特征

房柱式采煤形成的采空区之上地表无明显变形迹象，既无沉陷盆地，也无裂缝，或者是已经形成地面裂缝但被表层松散层自然掩埋。但是随着煤柱不断压裂、风化剥落，发生片帮、失稳，则会引起地面突然塌陷，形成塌陷坑（槽）。这种塌陷威胁不易消除，有时能持续好多年。

▲ 榆林某煤矿地面塌陷槽

▲ 榆林某煤矿地面塌陷坑

📌 3.金属矿山采空区地面塌陷特征

金属矿山开采使用较多的采矿方法主要有全面采矿法、房柱采矿法、留矿采矿法、分段矿房法、壁式充填采矿法、壁式崩落法和有底柱分段崩落法。

不同的采矿方法产生的地面塌陷严重程度有较大差异。壁式崩落法和有底柱分段崩落法采矿后产生的地面塌陷较严重，地面塌陷主要呈塌陷坑状，塌陷坑分布较多但面积较小。全面采矿法、房柱采矿法、留矿采矿法、分段矿房法等方法产生的地表变形相对较轻，主要表现为地表裂缝。

▲陕南某钼矿采空塌陷　　　　　　　　▲陕南某锰矿采空塌陷

🗻 3.3.3　黄土湿陷形态特征

　　湿陷性黄土在干燥状态下可以承受一定荷重而变形不大。当浸水后，土粒间水膜增厚，水溶盐被溶解，土粒联结力显著减弱，从而引起土体结构破坏并产生黄土湿陷。黄土湿陷在地表的表现形式一般为圆形、长条形以及不规则形坑或洞等多种形式。

▲不规则形和长条形坑或洞

3.4 地面塌陷实例

3.4.1 岩溶塌陷实例

1.重庆武隆天坑

重庆武隆天坑是受水长期冲刷而形成的，其形成时间在230万年至200万年前之间。该天坑发育于奥陶纪灰岩中，由地表沟溪、落水洞、竖井、天坑、化石洞穴、地下河和泉水组成。武隆天坑是一个包含从非岩溶区到岩溶区、从地表到地下、从上游到下游、从补给到排泄以至冲蚀天坑不同发展阶段的完整岩溶系统。如今发现的这一类型天坑在国内外尚属"独一无二"。

▼重庆武隆天坑

武隆后坪天坑最典型的为箐口天坑。箐口天坑形态完美，坑口呈椭圆形，最大和最小深度分别为295.3米、195.3米。自坑口视之，绝壁陡直，深不可测，奇险无比。自坑底仰视，四周绝壁直指天穹，引颈仰视，坐井观天，白云悠悠，天空湛蓝，给人以超然物外、远离尘嚣的感觉。如今该自然景观还处于原始状态，尚未开发。

该天坑周围曾有3～4条水量非常大的河流汇聚。这种外源水的量相当大，水动力也相当强，形成漩涡，同时侵蚀和溶蚀能力都很强，在冲蚀和崩塌联合作用下，洞口越来越大，越来越深，便形成了天坑。

🗺 2.汉中天坑

汉中天坑群是世界级地质遗迹，它的发现不仅填补了世界岩溶地质研究在北纬32°的空白，增加了生物研究原始样本，更极大地丰富了我国乃至世界的地质遗迹旅游资源。

通过初步调查，汉中天坑群共圈定遗迹总面积5 019平方千米。通过对600多平方千米核心区域的深入调查，在汉中南部秦岭造山带与扬子地块结合部位，新发现地质遗迹200余处，其中天坑49处（超级1处，大型17处，常规31处），直径50～100米的漏斗50余处，洞穴50余处，其他如峰丛、洼地、石林、地缝、峡谷、湖泊、石芽等岩溶地貌景观60余处。

汉中天坑群具有三个方面的显著特点：

特点一：从地质遗迹本身的物质组成看，天坑、石林、溶洞等都是发育在古老而坚硬的碳酸盐岩地层之中，这些地层成岩程度高，抗压性强，为其保持自然状态提供了有利的物质条件。

特点二：汉中天坑群在北纬32°，是热带、亚热带湿润气候岩溶地貌区最北界首次发现的岩溶地质景观，也是我国岩溶台原面上发育数量最多的天坑群。

特点三：汉中天坑群岩溶系统由多条干谷、洞穴等共同构成，对于揭示岩溶地表水流变迁与地下河洞穴发育的关系、地下形态与地表形态相互转化的关系，以及汉中盆地断陷与洞穴峡谷形成的关系等均具有重要研究意义。

▲汉中天坑——天悬天坑　　　　　　　▲汉中天坑——地河洞天

🏞 3.湖南宁乡大成桥镇岩溶塌陷

湖南省宁乡大成桥镇地处湘中丘陵与洞庭湖平原的过渡地带，地貌类型以丘陵为主，区内地层主要为二叠系、白垩系及第四系，石炭系零星分布。自 1967 年在水口山产生第一处岩溶塌陷以来，至 2014 年已产生塌陷 484 处，特别是近年来地面塌陷呈逐年增加的趋势。岩溶塌陷给区内人民群众的财产造成了重大损失，并危及生命安全，严重影响生产生活。

区内岩溶发育、覆盖层厚度较薄、力学性质差且双层结构土广泛分布于冲沟及冲积平原、地质环境极其脆弱，是产生塌陷的内在因素。矿区疏干排水是主要诱发因素，降雨不均、地表水渗漏及河道整治对塌陷的发生起促进作用。

▲湖南宁乡大成桥镇岩溶塌陷

4.湖南益阳岳家桥镇岩溶塌陷

湖南省长沙地区地貌类型属峰丛洼地，是典型的岩溶地貌，极易发生地面塌陷等地质灾害。2008—2012 年，岩溶塌陷变形 315 处，岩溶塌陷变形区面积约 7.5 平方千米。塌陷造成民房开裂、河流断流、农田毁坏，严重影响了当地部分群众的生产生活，直接威胁生命财产安全。

该区大面积岩溶塌陷的原因可总结为以下两个方面：

原因一：特有的岩溶水文地质条件是形成岩溶地面塌陷的重要原因。塌陷变形区位于南北两侧高、中间低的低丘岗宽谷地貌的沟谷中，为泉交河支流河床和两岸一级阶地，地处地下水排泄区，水交替强烈，同时第四系松散土层厚度薄（小于6米），下伏二叠系茅口组灰岩浅部岩溶非常发育。

原因二：人类工程活动和塌陷前持续降雨是岩溶地面塌陷的重要诱发因素。调查表明，附近存在的多处水泥灰岩矿、煤矿矿山和多口地下水井抽排地下水引起了大面积的地下水位显著降低；长时间干旱，一定程度上造成地下水位降低，第四系土层干裂而透水性增强，持续的降雨和较高强度的降雨，造成大量降雨渗入地下，潜蚀作用增强，与溶洞溶隙接触部位的土粒被逐渐带入溶洞而引起地面塌陷变形。

▼湖南益阳岳家桥镇岩溶塌陷

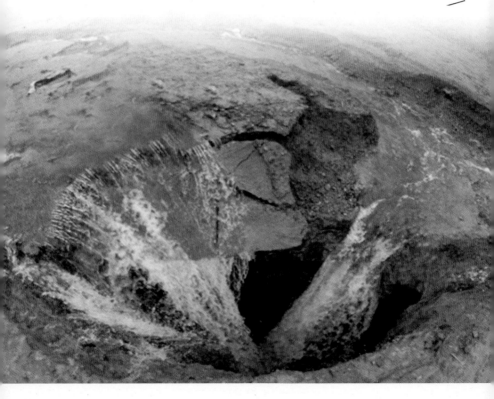

🏔 3.4.2 采空塌陷实例

📍 1.湖北荆门采空塌陷

从 2010 年开始，湖北省荆门市城郊已出现 33 次地表塌陷，塌陷面积约 38 万平方米，塌陷坑数十个，农民不敢下地劳作。据了解，荆门市东宝区子陵铺石膏矿段石膏开采始于 1984 年，后陆续建有多家石膏矿，均采取房柱法开采。经过 20 多年开采，形成石膏采空区 120.2 万平方米，已造成地面塌陷等地质灾害及矿区地质环境问题。2010 年底，东宝区责令子陵铺石膏矿段 5 家石膏矿全部关闭停产。经分析发现，长时间的开采形成大面积的采空区，且形成时间久远，后期又未进行有效充填处理。因此在埋深浅、采空高、水浸泡等因素叠加作用下，采空区地面塌陷是必然要发生的。

事情发生后，相关部门高度重视，对地表住户已全部搬迁，实行集中安置，对地面塌陷进行监测预警结合塌陷区回填的方法进行治理，采空区内设置警示标识和阻断矿区道路，禁止工业活动并限制农田耕作，最大程度地减少了群众的财产损失。

▼湖北荆门采空塌陷

2.黑龙江鹤岗采空塌陷

黑龙江省鹤岗市是一个因煤而建、因煤而兴的煤城，煤田面积大约占了城区面积的1/3。自1945年建市以来，这里已经总计开采出5亿多吨煤炭。然而，由于种种历史原因，鹤岗市在发展过程中形成了矿上建城、城下采煤、采煤区和居民区交错纵横的格局。

煤炭资源的开采给鹤岗带来了巨大的经济利益，带动了城市的快速发展，但是鹤岗市在享受煤炭资源带来的好处的同时，也品尝与之俱来的苦果，并付出了沉重的代价。

鹤岗煤田面积小、煤层非常集中、采出厚度大，这些都是导致该区沉陷特别严重的主要原因。另外在鹤岗50米以内的浅层开采最容易导致地面突然出现漏坑，也最易造成人员伤亡，在掠夺式采掘最猖獗的时候，鹤岗400多家小煤窑大多都从事这种浅层开采。

这些大规模无秩序的开采，导致鹤岗出现了严重的采空塌陷。一个个塌陷坑和一条条裂缝的出现，使得一间间房屋被毁，严重影响着人民的生命财产安全。

▼黑龙江鹤岗采空塌陷

3.陕西神木采空塌陷

陕西省是我国重要的煤炭工业基地之一，保有资源量位居全国第三。陕西省比较有代表性的煤炭基地在陕北，煤炭资源开采在带动当地经济发展的同时，也带来了一系列的地质环境问题。

陕北省神木县某煤矿位于土石丘陵区黄土梁峁地带，开采煤层厚约5米，埋深约50米，长期高强度机械化综采，造成较大面积的采空区，在地表形成较多的变形迹象。

原水库坝顶于2014年2月开始塌陷，发育群缝，间隔5～6米，长1～2米，宽0.2～2米，深1～2米。水库于2009年开始漏水，2010年被迫放弃，水库下游耕地可见多条平行裂缝，宽约0.3米，深1米。

神木县大柳塔镇石圪台村7组居民家中屋顶及墙体均有不同程度开裂，出现时间为2012年11月。地表破坏严重，严重威胁着周围住户的生命财产安全。

▼陕西神木某煤矿采空塌陷

🗺 4.山西采空塌陷

山西省,又一个因煤炭资源丰富而闻名的省份,它的煤炭资源分布广,全省118个县级行政区中94个县地下有煤,91个县有煤矿,总含煤面积5.7万平方千米,约占山西全省国土面积的36%。煤炭资源在带动山西省经济飞速发展的同时,也给周围村民带来了灾难。

山西省数十年来一直都是中国煤炭工业的重要地区。有专家指出,山西省在采煤业最兴盛时期曾拥有将近1万个煤矿,其中包括国有煤矿和私人煤矿,大规模的开采导致山西很多村庄出现地面下沉,村里的路面斑斑驳驳满是坑洞,学校内的很多房屋都出现了裂缝,房屋和校舍变成了一片废墟……据专家估计,山西省大约有1 900个受到影响的村庄,住着220万村民!

造成这些现象的根本原因是大规模开采煤炭资源,形成大面积的采空区,且又未进行及时治理,导致村民受灾严重。目前,当地政府已制定相关政策,对受灾群众进行搬迁,对采空区进行治理,给大家一个安宁的家园!

▼山西煤矿采空裂缝

🏔 3.4.3　黄土湿陷实例

📍 1.陕西西安路面黄土湿陷

西安市是西北的典型湿陷性黄土分布区，湿陷性黄土工程特性复杂，对城市建设造成很大的威胁。下图为 2012 年 5 月 27 日西安市某路面突然出现的黄土塌陷坑，坑长约 15 米，宽约 10 米，深约 6 米，坑体占用了两个车道和部分绿化带，因发生时间在凌晨，车流量和人流量少，未造成人员伤亡。

这起地面塌陷事件的发生跟当地管道断裂渗漏及所处地质环境存在较大的关系，因该处黄土具有湿陷性，在水的作用下发生黄土湿陷。塌陷发生后，当地相关部门赶到现场，进行相关应急处理，现场拉起了警戒线，并派专人看守，防止从远处驶来的车辆来不及刹车，压垮附近较为脆弱的路基。

▼西安市某路面黄土湿陷

2.甘肃黑方台焦家黄土湿陷

位于甘肃省兰州市西北 70 千米的黑方台地区，常年被大水漫灌，除导致滑坡灾害频繁发生外，还引发了大面积的黄土湿陷。区内黄土湿陷由灌溉水入渗和地下水位上升共同引起。由地下水位上升引起的黄土湿陷范围广，由灌溉水入渗引起的非饱和湿陷也不容忽视。

根据调查发现，由灌溉水入渗造成黄土湿陷形成的裂缝、落水洞随处可见，导致大量农田耕地废弃。仅 10 余平方千米的台面累计损失耕地超过 2 平方千米，水利设施被严重破坏，距离灌区近的房屋整体沉陷明显，台面上原来整齐排列的村户，由于黄土的不均匀湿陷被裂得七歪八斜。此外，黄土湿陷造成地基变形、房屋开裂，区内新源、朱王、陈家等 4 个移民村因黄土湿陷造成房屋开裂损毁，村民每隔几年就需要对房屋进行翻新或者复迁新建，平均每家复迁翻建房屋达 2 次，多者高达 5~6 次。

▼甘肃黑方台焦家黄土湿陷

相关研究表明，区内黄土虽然经历了长达 40 余年的灌溉，但其湿陷性尚未完全消除，灌溉水沿裂缝和黄土垂直节理快速补给地下水，会再次引起新的湿陷。因此，有必要通过改变灌溉模式、控制灌溉量等方式，对灌区黄土湿陷加以控制，减少或避免由黄土湿陷造成的损失。

📍 3.甘肃兰州城区路面黄土湿陷

2015 年 8 月 17 日，一辆满载乘客的 1 路公交车在西站始发站刚起步，车的右前轮和两个后轮就陷入了地面，车辆发生倾斜，乘客们感到车身往下沉，急忙逃离公交车，所幸当天发现及时未造成人员伤亡。这是发生在兰州城区的一起突发性地面塌陷事件，从 8 月 17 日至 24 日，该区共发生 6 处地面塌陷，共造成一辆公交车及一辆越野车"中招"陷入深坑，所幸无人员伤亡。

据调查，多处塌陷路面最大的空洞直径将近 3 米，坑洞内有许多

▼甘肃兰州城区路面黄土湿陷

积水，部分路基已经形成空洞，并延伸到道路上及人行道上。相关部门紧急启动应急措施，保证过往车辆行人的安全。这几起地面塌陷的发生跟当地污水主管渗漏及所处地质环境存在较大的关系。据相关报道，该区污水管道投入使用四五十年了，目前已严重腐蚀老化。同时自从轨道交通施工以来，此次发生塌方路段经常有各类重型车辆驶过，导致部分管道破碎造成渗漏，加之该区地下土层为具有湿陷性的黄土层，在水的长期浸泡下便发生黄土湿陷。该区相关部门紧急对塌陷路段进行了管道更换，防止塌陷范围继续扩大，对塌陷区域设立警示牌等。

🔖 4.山西太原黄土湿陷

上午 7 时，山西省人民医院门诊楼东侧出现一个坑；上午 9 时，门诊楼东侧的楼体出现倾斜；下午 12 时 05 分，感染疾病门诊楼东侧

▼山西太原黄土湿陷

楼体前方塌陷，3 分钟后，该楼后侧紧接着也发生塌陷。

　　这是 2010 年 8 月 12 日发生在山西省太原市双塔东街的山西省人民医院应急病房前的黄土湿陷，造成路面塌陷、部分楼房塌陷，由于病人、车辆、周围商铺人员及时撤离，事故现场未造成人员伤亡。现场可见宽约 10 米、深 7～8 米的大坑，大坑可以容下两辆公交车。在应急病房楼门有一处长 7～8 米、宽 5～6 米的大坑，坑内可见有一辆贩卖水果的三轮车倒在其中。

　　对此现象，专家进行了紧急"会诊"，调查发现事故附近存在防空洞通道，且该地段地层为湿陷性黄土区，加之该处地下管道破裂，流水倾注到防空洞通道内，黄土遇水产生大量下沉和侧挤，致使该地段突然发生了大面积的严重塌陷现象。

　　事故发生后，相关部门对受威胁人员进行了紧急撤离，对供水管道进行关闭，切断供水来源，防止地面塌陷进一步扩大，同时对塌陷坑进行填埋沙石、修复破损管道、铺设防水材料等措施，使地面塌陷现象及时得到了控制。

地面塌陷危害

$\boxed{4.1}$ 地面塌陷的危害

地面塌陷对我们的生活、生产等影响巨大，易造成严重的经济和财产损失，更甚者造成人员伤亡。

地面塌陷的危害主要表现在突然毁坏城镇设施、工程建筑、农田水利、交通线路，造成人员和牲畜伤亡。据统计分析，造成地面塌陷的主要因素是人为因素。地面塌陷中采空塌陷的危害最大，造成的损失最重，岩溶塌陷次之，黄土湿陷相对小也较集中。地面塌陷的危害分述如下。

📍 1.道路交通

地面塌陷使得道路被毁，影响过往车辆及行人的安全。根据相关资料统计，铁路沿线岩溶塌陷多数是由沿线车站、城市、水源地抽取岩溶地下水诱发的，或者是由隧道施工排水诱发的。塌陷造成车站破坏、路基沉陷、桥涵开裂，大量水和泥沙溃入施工隧道。采空塌陷引起的地表移动变形值一般远远大于道路的抗变形能力，造成道路被毁。如位于云南省的贵昆铁路沿线自 1965 年建成通车以来，西段陆续发现

▲ 黄土湿陷破坏道路

▲ 岩溶塌陷毁坏道路

岩溶塌陷，1976年7月7日在K606+475路段发生塌陷，塌陷坑长15米，宽6米，深5米，中断行车61小时40分，造成了严重的经济损失。

📍 2.农业

地面塌陷使得作物被毁，粮食减产，给人民群众带来较大威胁，并且地面耕植土落入地下坑陷，造成耕作面积减少，未进行填埋或者不便进行填埋的地方则无法进行作物耕作。

📍 3.居民建筑

不论是岩溶塌陷、采空塌陷还是黄土湿陷，只要塌陷发生的地方有居民居住，塌陷或多或少对居民建筑都会造成影响。有的房屋上出现裂缝，或者屋内、院内出现沉陷坑，更有甚者直接导致居民房屋倒塌，威胁住户的生命安全。

▲ 采空塌陷对农田的危害

▲ 岩溶塌陷毁坏房屋

📍 4.生态环境

采煤塌陷对所在区域的生态环境将产生巨大的破坏。由于采煤引起的地表大面积下沉，形成不规则的地裂缝、塌陷坑、塌陷槽、塌陷盆地等，原有的植被、建筑物等受到严重破坏，改变了地表的形态和地下水的径流方向，使沉陷区形成内涝或土地沼泽化，恶化生态环境。如2001年7月，乌鲁木齐铁厂沟镇一处塌陷坑下部煤柱燃烧完后，不能支撑上部覆体导致突然大面积冒放，将地下有害气体及煤炭燃烧后的灰尘强行压出，腾起几十米高的蘑菇云，浓烟在空中久久不散，乌鲁木齐市区可见。事后塌陷区顺风方向地上覆盖一层厚厚的黑色灰尘，对环境造成严重污染。

📍 5.引发其他地质灾害

由采空塌陷（采煤塌陷）和黄土湿陷引发的其他地质灾害，如采煤塌陷在植被覆盖率较低的矿区，可能引发水土流失和土地荒漠化，

▼采煤塌陷毁坏房屋

同时，在黄土地区或塌陷范围较大时，可能引发山体滑坡、崩塌等地质灾害。如陕西省韩城市曹家山滑坡，因煤矿开采在坡体顶部产生拉张裂缝，裂缝的形成破坏了山体的完整性，加上地面塌陷使得上覆岩层结构松散、强度降低，有利于降水的渗入，从而诱发山体失稳产生滑坡。对于黄土湿陷，据统计自20世纪80年代以来，甘肃省黑方台发生100多起山体滑坡灾害，造成了巨大的经济损失和人员伤亡。据查各种文献，该处灾害的发生主要与灌溉密切相关，同时由于特殊的地貌和土体性质，在水的作用下产生湿陷裂缝，从而引发地质灾害，威胁住户安全。

地面塌陷的危害巨大，但是有一类虽然也存在危害，若进行合理的保护、开发，它所产生的经济效益和环境效益是不可估量的，它就是我们所熟悉的自然天坑。天坑这种地质现象发生在人类活动的地区时，便可能成为一种地质灾害，危害人民的生命财产安全，毁坏道路，破坏耕地等；如果发生在无人区时，则一般不具有危害性，倘若人们能够在保护的基础上开发利用，还能成为风景优美、魅力无穷的旅游胜地，吸引大批学者和"探洞"爱好者前往探险，探寻大自然的神秘和美丽。

▲黄土湿陷破坏房屋

▲采煤塌陷毁坏道路

4.2 地面塌陷未来趋势

地面塌陷是我国地质灾害的主要灾种之一，作为一种动力地质现象，它具有突发、隐蔽的特点；作为地质灾害，它已经并将继续产生严重危害，给国民经济建设和人民生命财产造成损失。全国地面塌陷极高危险区主要包括广西、贵州、云南等省（自治区），高危险区主要包括重庆、湖南等省（市），中等危险区所占面积较大，主要包括西藏、新疆、四川、陕西、山西、山东、安徽等省（自治区）。

据不完全统计，地面塌陷的引发因素以人为因素为主，自然因素次之。控制和影响地面塌陷的自然因素是地质构造、地层岩性、气象水文等。这些因素在短期内不会发生根本的变化，所以地面塌陷的发展趋势主要取决于人为影响因素的变化。

在21世纪初期，虽然随着政府和地方相关部门的宣传，人们对地面塌陷地质灾害已经有了比较深入的研究和认识，也采取了行之有效的防治措施。但是，随着我国经济飞速发展，人类不断改造自然，使地质环境发生很大的变化，更有甚者遭受人类的破坏，由此产生的负面影响将日益突出；加之全国人口的增长因素，人类会面临资源危机，使一些省（自治区、直辖市）本来就很紧张的水、矿产品的供需矛盾变得更加突出，全国的采矿量逐年增加，某些地区的采矿、采水格局一时难以改变。更可怕的是当时部分地方部门和群众的环保、减灾意识薄弱，在经济利益的诱导下，人们在矿山开采中存在强采、滥采、盲采及强排现象，在岩溶区大强度抽汲地下水，在湿陷性黄土发育的地区不合理地排水用水，甚至不作处理就将湿陷黄土作为建筑物地基等，导致地面塌陷发育的强度及危害在一定时期内不断增强。

随着社会的发展，国家对环境保护越来越重视，提出"绿水青山就是金山银山"，像对待生命一样对待生态环境，"像保护眼睛一样保护生态环境"等先进理念，同时制定了针对性的法令、法规，部署专门人员加以督促实施，将人为因素诱发的地面塌陷降到最小限度，将地面塌陷发生的频率及其产生的危害降到最低。

从中国地质环境信息网每年发布的全国地质灾害通报我们不难发现，全国地面塌陷数量每年都在降低，具体数据为：2013 年全国共发生地面塌陷 371 起，占发生灾害总数的 2.4%；2014 年全国共发生地面塌陷 302 起，占发生灾害总数的 2.8%；2015 年全国共发生地面塌陷 278 起，占发生灾害总数的 3.4%；2016 年全国共发生地面塌陷 221 起，占发生灾害总数的 2.3%。从这些数据我们可以推测，在国家和各级地方政府的努力下，每年地面塌陷发生数量在不断降低，因地面塌陷造成的损失也在逐渐降低，大家的生活质量也将再上一个新台阶，不再生活在因塌陷造成的恐慌中。

 4.3 *灾险情等级划分标准*

2007 年 2 月 23 日凌晨，中美洲危地马拉首都危地马拉城一个贫民区突然传出轰隆一声，就在这震动的一瞬间，贫民区中央惊现一个直径为 18 米、深度为 100 米的污水坑。一对兄妹在这场灾难中不幸淹死，20 多间房屋下陷，当局在事发后及时封锁周边 500 多米范围，疏散现场附近的居民近千人。

2007 年 3 月 15 日，辽宁省葫芦岛市南票区沙金沟村，几位村民正在一片已经收割的玉米地里拣煤渣，不料大地就像怪兽一样，突然张开大口，短短的几秒钟就将他们吞入腹中，造成 6 人死亡。据事后现场勘查报告显示：此次灾难属于地面塌陷，形成了一个直径约 10 米、深约 7 米的塌陷区。提及此事，至今还有人称之为恐怖的"地陷吞人""大地食人"事件。

2012 年 3 月 25 日凌晨，广西壮族自治区桂林市的福隆园地面突然塌陷，形成直径 8 米的大坑，危及临近的一栋楼房安全，100 多人紧急撤离。

山东省泰安市岩溶塌陷区主要分布在中部城区的水源地和南部的旧县乡水源地，产生塌陷坑 230 多处。2003 年发生在农田中的塌陷坑长 27 米、宽 24 米，区内 11 个自然村有 3 000 多处民房遭到不同程度的破坏，其中 4 个村庄被迫搬迁，搬迁费高达亿元。

1962 年 9 月 29 日晚，云南省个旧市新冠选矿厂，突发岩溶塌陷引发尾矿坝垮塌灾害，使 150 万立方米泥浆水奔腾而出，冲毁了下游 5.3 万平方千米农田和部分村庄、公路、桥梁等，造成 174 人死亡，89 人受伤。

诸多案例，不胜枚举！想起可怕的一幕幕，我们不禁胆战心惊，同时我们也看到，每一个鲜活的案例背后，是一串触目惊心的数字，死亡人数、受威胁人数、财产损失……看到这些数字，我们的心情是沉重的，但同时我们要透过这一串串的数字，从专业的角度来判断灾害的严重程度。灾害发生后，要根根什么标准来判断它的灾情和险情呢？下面我们进行详细介绍。

地面塌陷地质灾害按照危害程度大小分为特大型、大型、中型、小型四级地质灾害险情和地质灾害灾情。

1.特大型

受地质灾害威胁，需搬迁转移人数在 1 000 人（含）以上的或潜在经济损失 1 亿元（含）以上的地质灾害险情为特大型地质灾害险情。

因灾死亡和失踪 30 人（含）以上或因灾造成直接经济损失 1 000 万元（含）以上的地质灾害灾情为特大型地质灾害灾情。

2.大型

受地质灾害威胁，需搬迁转移人数在 500 人（含）以上、1 000 人以下，或潜在经济损失 5 000 万元（含）以上、1 亿元以下的地质灾害险情为大型地质灾害险情。

因灾死亡和失踪 10 人（含）以上、30 人以下，或因灾造成直接经济损失 500 万元（含）以上、1 000 万元以下的地质灾害灾情为大型地质灾害灾情。

3.中型

受地质灾害威胁，需搬迁转移人数在 100 人（含）以上、500 人以下，或潜在经济损失 500 万元（含）以上、5 000 万元以下的地质灾害险情为中型地质灾害险情。

因灾死亡和失踪 3 人（含）以上、10 人以下，或因灾造成直接经济损失 100 万元（含）以上、500 万元以下的地质灾害灾情为中型地质灾害灾情。

4.小型

受地质灾害威胁，需搬迁转移人数在 100 人以下，或潜在经济损失 500 万元以下的地质灾害险情为小型地质灾害险情。

因灾死亡和失踪 3 人以下，或因灾造成直接经济损失 100 万元以下的地质灾害灾情为小型地质灾害灾情。

5

地面塌陷识别与防治

5.1 地面塌陷前兆

地面塌陷的危害性不言而喻，因此在生活和工作中，我们个人应该多了解一些地面塌陷的小常识，提高自我防范意识，以便更好地自救和救人，保护自己和大家的生命与财产安全。地面塌陷的常见征兆有以下几个方面。

📍 1.井、泉异常变化

如井、泉水位的骤然升、降，水色突然浑浊或翻砂、冒气，这些现象反映了岩溶地下水动力条件突然发生急剧改变，从而为塌陷作用的发展提供了动力。这些变化的产生或者与附近地表水体（河、湖、坑矿）突然间发生集中渗漏有关，或者与地下水通道因土洞扩展塌陷造成的堵塞或冲决有关。无论如何，它们都将促进土洞的快速扩展，

▼ 井水位骤降

原井水位

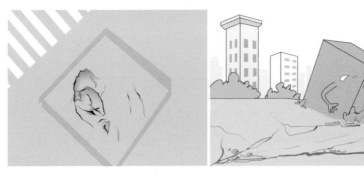

▲ 地面出现沉降   ▲ 建筑物倾斜

预示着存在塌陷的险情，作为塌陷的前兆有着重要的意义。

2.地面形变

　　如地面出现环状裂缝并不断扩展，产生局部的地鼓或下沉现象。它们一般是土洞扩展达到一定规模后顶板已接近极限平衡状态的现象，这时地面已处于临近塌陷的危险状态。除此以外，建筑物倾斜、开裂，地面积水引起地面冒气泡以及动物惊恐也是地面塌陷的常见征兆。

▼ 动物惊恐

5.2 地面塌陷简易监测

通过简易监测，一方面可以及时发现塌陷的前兆现象，另一方面可以获取前兆现象变化过程的资料，以便于分析判断其发展趋势，为及时采取应急措施提供依据。

1.监测点的选择

一般是选择有异常变化现象的点，如井水位、泉水位、地面和建筑物的裂缝等进行监测。对于地面和建筑物的变化，应在变形的不同部位布点，形成监测点网，以全面掌握其变形的系统情况。

2.监测方法和工具

监测方法以能取得观测数据资料为原则。如井、泉水位观测，可在其旁设标尺（最小刻度为1毫米），地面裂缝可在不同部位（如裂缝两端、中部等）于裂缝两侧钉上小木桩，其上划出十字作为观测基点，用最小刻度为1毫米的钢卷尺或木尺量测桩间距离的变化，墙上的裂缝可直接划线量测。

3.监测时间

从发现异常起开始定时观测，观测时间间隔为每日一次，如异常变化剧烈时应增加观测次数，每日可增至2～3次。

4.监测记录

监测应列表记录，力求系统完整。观测中如遇降雨，应记录降雨的起止时间并估计强度（小雨、中雨、大雨、暴雨）。位于地表水体附近的监测点应同时观测记录地表水位的变化。随观测进程可绘制观测曲线，以时间为横坐标，以观测数据为纵坐标，绘出水位变化、裂缝变化等曲线，作为分析判断的依据。

5.3 地面塌陷的应急措施

地面塌陷变形过程很长一段发展于地面以下，一旦地面以上出现变形前兆，便说明离塌陷时间已近。当有异常发生，判定确为险情时应及时上报。在观测过程中如发现异常骤然加剧，判定险情已到紧急时刻，应立即上报并果断采取应急措施。相关应急措施如下。

措施一：视险情发展将人、物及时撤离险区，在发现前兆时即应执行撤离计划。

措施二：塌陷发生后对临近建筑物的塌陷坑应及时填堵，以免影响建筑物的稳定，其方法是投入片石，上铺砂卵石，再上铺砂，表面用黏土夯实，经一段时间的下沉压密后再用黏土夯实补平。

措施三：建筑物附近的地面裂缝应及时填塞，地面的塌陷坑应拦截地表水防止其注入。

措施四：严重开裂的建筑物应暂时封闭不许使用，待进行危房鉴定后确定应采取的措施。

5.4 地面塌陷治理

5.4.1 岩溶塌陷治理措施

岩溶塌陷形成后的治理措施主要有塌洞回填、河流局部改道与河槽防渗以及综合治理手段。

系统地讲，岩溶塌陷的防治措施有 3 种，包括控水措施、工程加固措施和非工程性防治措施。下面对控水措施和工程加固措施进行介绍。

🗺 1.控水措施

地表水防水措施：防地表水进入塌陷区，可以清理疏通河道、加速泄流、减少渗漏，以及对漏水的河、库、塘铺底防漏或人工改道。

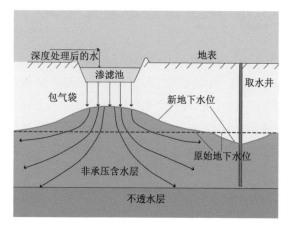

▲控水措施示意

地表封闭防渗：植被防渗、水泥土封闭、氯丁橡胶板封闭、玻璃纤维涂料封闭、回填抹面封闭。

地下水控水措施：通过坑道堵水、停用抽水井和人工回灌或补偿地下水恢复地下水水位。

◀注浆控制地下水

📖 2.工程加固措施

清除填堵法：常用于相对较浅的塌坑或埋藏浅的土洞。清除其中的松土，填入块石、碎石形成反滤层，其上覆盖黏土并夯实。

▲ 清除填堵法

跨越法：用于较深大的塌陷坑或土洞。对建筑物地基而言，可采用梁式基础、拱形结构或以刚性大的平板基础跨越、遮盖溶洞，避免塌陷危害。对道路路基而言，可选择塌陷坑直径较小的部位，采用整体网格垫层的措施进行整治。

▲ 跨越法（铁道部门用扣轨梁跨越岩溶塌陷）

强夯法：在土体厚度较小、地形平坦的情况下，采用强夯砸实覆盖层的方法消除土洞，提高土层的强度。

▲ 强夯法

钻孔充气法：随着地下水位的升降，溶洞空腔中的水气压力产生变化，经常出现气爆或冲爆塌陷，设置各种岩溶管道的通气调压装置，破坏真空腔的岩溶封闭条件，平衡其水、气压力，减少发生冲爆塌陷的机会。

▲ 钻孔充气法（湖南白洋湾水库用卧管和烟筒通气法防治岩溶塌陷）

深基础法：对于一些深度较大、跨越结构无能为力的土洞和塌陷，通常采用桩基工程，将荷载传递到基岩上。

▲深基础法

灌注填充法：在溶洞埋藏较深时，通过钻孔灌注水泥砂浆，填充岩溶孔洞或缝隙，隔断地下水流通道，达到加固建筑物地基的目的。灌注材料主要是水泥、碎料（砂、矿渣等）和速凝剂（水玻璃、氧化钙）等。

▲灌注填充法

5.4.2 采空塌陷治理措施

采空塌陷的治理应遵循"预防为主、防治结合"的原则。

在地面塌陷发生前，应未雨绸缪，加强塌陷区工程地质勘察和资料收集分析工作，详细明确地查明采空区的范围、深度、影响范围等。在采矿过程中，应使用各种减塌技术和措施，如充填采矿法，条带采矿法，多煤层、多工作面协调采矿法以及井下支护和岩层加固措施等。

在塌陷发生后，应及时采取措施治理，防止灾害进一步扩大。

防治的关键是在掌握矿区和区域塌陷规律的前提下，对塌陷做出科学的评价和预测，即采取以早期预测、预防为主，治理为辅，防治结合的办法。例如，对于采空区，在塌陷区形成之前，就采取"超前"防治措施，即在制订开采设计时就考虑预防措施。但是我们无法百分之百地预防塌陷的发生，因此就需要在采空塌陷发生后实施紧急而有效的治理措施。采空塌陷的具体治理措施有以下几条可以遵循。

措施一：对采空塌陷区进行土地平整恢复种植，积水洼地采用挖深垫浅、充填煤矸石再覆盖种植层等，对于采空塌陷、地裂缝可采用尾矿石回填等。

▼土地平整、恢复种植

措施二：利用塌陷区建立水产区，积极发展养殖业，是充分利用环境发展生产、改善生态环境的综合治理措施之一。

措施三：在采取塌陷区土地复垦和生态恢复措施后，还需要采取生物措施对水土保持体系进行完善，达到水土流失治理和改善的目的。生物措施主要包括塌陷区复垦后农田防护林网的建设，以达到在恢复农田植被覆盖率的同时降低风速、保护农作物的目的。

措施四：采矿过程中使用减塌技术和措施，减少矿区的塌陷范围、塌陷幅度，减缓塌陷的时间进程，减轻塌陷的危害程度。

▲建立水产区恢复生态

▲塌陷区复垦为生态公园

▲复垦后农田防护林网建设

5.5 地面塌陷治理实例

5.5.1 塌陷区植被复绿

前文我们提到对塌陷区治理的有效措施之一就是土地恢复种植，在这方面治理效果良好的实例为神东矿区大柳塔煤矿的塌陷区植被复绿。

神东矿区大柳塔煤矿以采煤沉陷地为研究区，针对采煤沉陷地较差立地条件，野外不灭菌条件下接种丛枝菌根真菌，对经济作物生长的菌根效应进行研究，通过监测不同丛枝菌根菌种组合对植物生长和植被恢复的生态效应，选择最优组合，取得良好效果。通过多年的实践，神东公司通过填补裂缝、恢复植被、种植生态经济林的方式，对生产区的风沙和采煤沉陷区进行治理，使沉陷区的土地治理率达到100%。

▼塌陷区植被生长情况

5.5.2 利用采空区发电

采空塌陷区形成后，采空区附近土地基本被闲置，处于未被利用状态，容易造成土地资源的浪费。对于大型矿山采空区的土地恢复治理利用，可以与光伏发电产业相结合，使采空区附近土地被利用的同时创造一定的经济效益。陕北地区沙丘洼地区和沙漠滩地区非常适宜采用这种方法，沙盖黄土梁峁区也可以采用。该技术虽与周边环境协调程度一般，但实现了采空区土地的再利用，治理效果和治理措施的适应性好。

陕北和关中地区部分矿山企业开始逐步推广这种矿区土地利用技术，如陕西有色榆林煤业与榆林旷达光伏发电有限公司合作，对塌陷区土地、林草地上进行修复后建成了光伏发电项目。该项目一期占地面积 3 221 亩，现一期已完工投入使用。引进光伏发电项目，不仅有效地恢复了采空塌陷区的土地、林草地，更给当地村民带来了经济效益。

▼陕西省有色榆林煤业光伏发电土地利用技术

5.5.3 注浆法治理采空区

大柳塔至石马川一级公路位于陕西省北部，地处晋、陕、蒙三省（自治区）交界处，全长86.35千米。该公路横跨三道沟煤矿工作面采空区，路段受煤矿开采影响，部分地面产生裂缝，影响正常通行，为了公路安全需对采空区进行治理。该治理工程由陕西省核工业工程勘察院承担，治理长度合计740米，治理深度111.8～137.2米不等，治理宽度78.5～120.7米不等。

▲注浆法治理采空区施工照片（一）

治理方案采用充填注浆注砂，具体为在地面上打孔，通过注浆泵、注浆管将水泥粉煤灰及砂（粗骨料）注入采空区及上覆岩体裂隙中，浆液经固化后胶结岩层裂隙带，同时采空区内的浆液形成结石体对上覆岩层形成支撑作用，阻止上覆岩层进一步塌陷冒落，保证路基的稳定。经实践证明该治理方法是成功的，达到了采空区治理的目的。

▲注浆法治理采空区施工照片（二）

结束语

地面塌陷是一种缓变型地质灾害，据统计它的发生多是人为因素引起，如人为过量抽采地下水、大规模开采矿产资源等，不仅给人民的生命财产造成威胁，而且对生态环境也造成了严重的影响。

党的十九大报告强调："坚持人与自然和谐共生。建设生态文明是中华民族永续发展的千年大计。必须树立和践行绿水青山就是金山银山的理念，坚持节约资源和保护环境的基本国策，像对待生命一样对待生态环境，统筹山水林田湖草系统治理，实行最严格的生态环境保护制度，形成绿色发展方式和生活方式，坚持走生产发展、生活富裕、生态良好的文明发展道路，建设美丽中国，为人民创造良好生产生活环境，为全球生态安全作出贡献。"

党的十九大报告指出："开展国土绿化行动，推进荒漠化、石漠化、水土流失综合治理，强化湿地保护和恢复，加强地质灾害防治"，将地质灾害防治进行了专门论述。在后期多次会议中，习近平总书记对地质灾害防治和减灾防灾救灾工作发表了一系列重要讲话，这些讲话是在充分分析我国地质灾害防治形式的基础上提出的新思想、新要求，是我们今后一段时期内地质灾害防治工作必须遵循的基本原则。生态文明建设、地质灾害防治是我们建设美丽中国的基本要求，也是中国可持续发展的前提。

近年来，我国生态文明建设和地质灾害防治工作形势严峻，国家和地方职能部门非常重视，制定了相关政策并配备了专门人员和相应资金，对地质灾害进行预防和治理，保护地质环境及我们赖以生存的家园。但是，仅仅依靠政府单方面的重视是远远不够的，政府只能在政策方面给我们加以规范，与此同时还需要我们全民参与，共同出力，从自身做起，从小事做起，为地质环境保护和地质灾害防治做出自己的贡献。

为了让广大群众了解地面塌陷，本书主要讲述了地面塌陷基础概念、地面塌陷成因机理、地面塌陷分布、地面塌陷危害和地面塌陷识别与防治等内容，通过通俗的语言、形象的图片及生动的事例，对地面塌陷地质灾害基本知识进行普及。

希望通过这本地面塌陷科普读物，读者能够基本了解地面塌陷的基本知识，知道地面塌陷发生的前兆及发生灾害后如何自救，提高减灾防灾意识，改变事不关己的心态，提高科学素养，形成全民了解地质灾害、全民关心地质灾害的良好风气，为把我国建设成富强、民主、文明、和谐、美丽的国家贡献自己小小的力量。

科普小知识

🏔 地质灾害预报

📍 概念

地质灾害预报是对未来地质灾害可能发生的时间、区域、危害程度等信息的表述，是对可能发生的地质灾害进行预测，并按规定向有关部门报告或向社会公布的工作。地质灾害预报一定要有充分的科学依据，力求准确可靠。加强地质灾害预报管理，应按照有关规定，由政府部门按一定程序发布，防止谣传、误传，避免人们心理恐慌和社会混乱。

📍 地质灾害气象风险预警

地质灾害气象风险预警等级划分为四级，依次用红色、橙色、黄色、蓝色表示地质灾害发生的可能性很大、可能性大、可能性较大、可能性较小，其中红色、橙色、黄色为警报级，蓝色为非警报级。

红色:预计发生地质灾害的风险很高,范围和规模很大。

橙色:预计发生地质灾害的风险高,范围和规模大。

黄色:预计发生地质灾害的风险较高,范围和规模较大。

蓝色:预计发生地质灾害的风险一般,范围和规模小。

📑 预报方式及内容

地质灾害预报以短期预报或临灾预报以及灾害活动过程中的跟踪预报为主，预报由专业监测机构、研究机构和灾害管理机构及有关专业技术人员会商后提出，由人民政府或自然资源行政主管部门按《地质灾害防治条例》的有关规定发布。

地质灾害预报的中心内容是可能发生的地质灾害的种类、时间、地点、规模（或强度）、可能的危害范围与破坏损失程度等。地质灾害预报分为长期预报（5年以上）、中期预报（几个月到5年内）、短期预报（几天到几个月）、临灾预报（几天之内）。

长期预报和重要灾害点的中期预报由省、自治区、直辖市人民政府自然资源行政主管部门提出，报省、自治区、直辖市人民政府发布。短期预报和一般灾害点的中期预报由县级以上人民政府自然资源行政主管部门提出，报同级人民政府发布。临灾预报由县级以上地方人民政府自然资源行政主管部门提出，报同级人民政府发布。群众监测点的地质灾害预报，由县级人民政府自然资源行政主管部门或其委托的组织发布。地质灾害预报是组织防灾、抗灾、救灾的直接依据，因此要保障地质灾害预报的科学性和严肃性。

🏔 地质灾害警示标识

在地质灾害易发区或灾害体附近，一般会设立醒目标识，提醒来往行人或车辆注意安全或标识逃生路线、避难场所等。不同地区标识外观不尽相同，但其目的都是为了防范地质灾害，达到安全生活、生产的目的。下面列举了我国部分地区的地质灾害警示标志、临灾避险场所标志，以及常见的几类地质灾害警示信息牌。

▲ 地质灾害警示标志

地质灾害区
危险勿近

负责人：×××
市报灾电话：×××

灾害点编号：×××　　监测人：×××　　　　自然资源局 印制
监管单位：自然资源局　　电话：×××

▲ 地质灾害区危险警示牌

▲ 地质灾害少数民族地区灾情介绍标牌（引自治多县人民政府网站）

地质灾害群测群防警示牌

灾害名称：桐花村后滑坡　　规模：小型
位置：临城县赵庄乡桐花村村南50米路北
威胁对象：8户30人40间房屋
避险地点：村北小学
避险路线：向滑坡两侧撤离
预警信号：鸣锣、口头通知
监测人：×××　　联系电话：×××××
村责任人：×××　　联系电话：×××××
乡责任人：×××　　联系电话：×××××
县责任人：×××　　联系电话：×××××

×××人民政府

▲ 地质灾害群测群防警示牌

地质灾害警示牌

灾害点名称： 五德镇杉木岭庙咀滑坡

灾害点位置： 五德镇杉木岭村庙咀组

灾害类型： 滑坡

规　　模： 60mX70m/0.5×10⁴m²

威胁对象： 村民7户36人

防灾责任人： xxxx　**联系电话：** xxxxxxxxx

巡查责任人： xxxx　**联系电话：** xxxxxxxx

监测记录人： xxxx　**联系电话：** xxxxxxx

预警信号： 敲锣

应急电话： xxxxxxx（镇值班电话：xxxxxxx）

禁止事项：禁止任何单位或个人在滑坡体上开山、采石、爆破、削土、进行工程建设及从事其他可能引发地质灾害的活动。

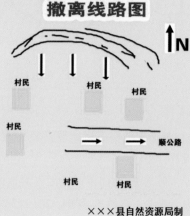

××\×县自然资源局制

▲ 地质灾害警示牌

主要参考文献

《工程地质手册》编委会.工程地质手册[M].北京:中国建筑工业出版社,2017.

陈志平.景德镇市城区岩溶地面塌陷发育特征与评价[J].东华理工大学学报(自然科学版),2019(3):234-239.

范立民,杨宏科.神府矿区地面塌陷现状及成因研究[J].陕西煤炭技术,2000(01):7-9.

范立民,李成,陈建平,等.矿产资源高强度开采区地质灾害与防治[M].北京:科学出版社,2016.

贾洪彪,邓清禄,马淑芝.水利水电工程地质[M].武汉:中国地质大学出版社,2018.

罗小杰.岩溶地面塌陷理论与实践[M].武汉:中国地质大学出版社,2017.

蒙彦.科学防范岩溶塌陷[N].中国自然资源报,2019-7-23(5).

彭建兵,李庆春,陈志新.黄土洞穴灾害[M].北京:科学出版社,2008.

沈鑫杰.治理地面塌陷应该"治未病"[N].中国应急管理报,2019-12-17(2).

唐立,肖吉贵,梁广云.贺州市桂岭镇岩溶地面塌陷防治对策及建议[J].南方国土资源,2019(7):77-80.

殷坤龙.滑坡灾害预测预报[M].武汉:中国地质大学出版社，2004.

于坚平，褚学伟，段先前，等.贵州岩溶塌陷[M].北京:地质出版社，2017.

郑晓明，金小刚，陈标典，等.湖北武汉岩溶地面塌陷成因机理与致塌模式[J].中国地质灾害与防治学报，2019(5):75-82.

朱耀琪.中国地质灾害与防治[M].北京:地质出版社，2017.

本书部分图片、信息来源于百度百科、科学网、新华网等网站，相关图片无法详细注明引用来源，在此表示歉意。若有相关图片涉及版权使用需要支付相关稿酬,请联系我方。特此声明。